Guida alla Coltivazione del Cavolo Ornamentale

Impara cosa fare bene per coltivare incantevoli Cavoli Ornamentali

A. Duller

I0478142

Lisa Shardon

Guida alla Coltivazione delle Dalie

Introduzione

Il **cavolo ornamentale** (Brassica oleracea var. acephala) è una pianta che ha acquisito negli ultimi anni una grande popolarità nei giardini, nelle aiuole pubbliche e persino nei balconi urbani. A differenza dei cavoli destinati al consumo alimentare, che fanno parte della stessa famiglia botanica, il cavolo ornamentale viene coltivato principalmente per la sua bellezza piuttosto che per il suo gusto. Con le sue foglie colorate, spesso bordate di toni che spaziano dal bianco al rosa, al viola intenso, questa pianta è capace di portare vivacità a qualunque spazio, specialmente durante l'autunno e l'inverno, quando molte altre piante tendono a perdere le foglie o a rallentare la crescita.

La peculiarità del cavolo ornamentale risiede nella sua capacità di sopportare temperature basse, il che lo rende ideale per decorare i giardini quando il clima diventa più rigido e le piante da fiore tradizionali sono ormai sfiorite. La sua coltivazione è semplice, richiede poche cure, ed è una scelta ideale anche per chi ha poca esperienza con il giardinaggio. Questa pianta è un'ottima aggiunta non solo per la sua estetica, ma anche perché contribuisce a creare un ecosistema favorevole, offrendo riparo a insetti benefici durante i mesi freddi.

Nel corso di questa trattazione, esploreremo in dettaglio l'origine e la storia del cavolo ornamentale, analizzeremo le sue varietà e forniremo consigli su come utilizzarlo al meglio in un contesto di giardinaggio ornamentale.

Capitolo 1 - Storia e origine del cavolo ornamentale

Le Origini della Brassica oleracea

La **Brassica oleracea**, specie di cui il cavolo ornamentale è una varietà, ha origini molto antiche e veniva coltivata già dalle civiltà mediterranee. Gli antichi Greci e Romani conoscevano e coltivavano diverse specie di cavoli, che utilizzavano sia per il consumo alimentare che per le loro proprietà medicinali. Inizialmente, i cavoli erano piante spontanee, che crescevano prevalentemente sulle coste del Mediterraneo, tra le rocce e in aree prossime al mare. Con il tempo, la domesticazione della Brassica oleracea ha portato alla selezione di diverse varianti, che oggi conosciamo come cavoli, cavolfiori, broccoli e cavoli rapa.

La pianta di cavolo era apprezzata non solo per il suo valore nutritivo ma anche per la sua resistenza alle diverse condizioni climatiche, rendendola un elemento importante dell'agricoltura dell'epoca. Anche in Cina, intorno al IV secolo a.C., si cominciò a coltivare il cavolo, seppur sotto forme leggermente diverse e adattate al clima locale.

Dalla Coltivazione Alimentare all'Ornamento

La coltivazione del **cavolo ornamentale** come lo conosciamo oggi è relativamente recente e risale al XX secolo. Mentre i cavoli tradizionali continuavano a essere selezionati per la produttività, il sapore e la resistenza alle malattie, i cavoli ornamentali sono stati selezionati principalmente per il loro aspetto estetico. In Giappone, intorno agli anni '50, iniziò a diffondersi la pratica di utilizzare il cavolo ornamentale nelle aiuole pubbliche e nei giardini privati. I giardinieri giapponesi cominciarono a creare incroci di Brassica oleracea che presentavano colori vivaci e foglie dalle forme particolari, adattando così il cavolo per scopi decorativi.

Con l'espansione del commercio e l'interesse crescente per le piante ornamentali, la moda del cavolo ornamentale si diffuse rapidamente in tutto il mondo. In Europa e in Nord America, il cavolo ornamentale divenne popolare tra gli appassionati di giardinaggio, soprattutto per la sua capacità di mantenere il colore anche nei mesi invernali.

La Diffusione nei Giardini Moderni

Oggi il cavolo ornamentale è una scelta molto comune per la decorazione dei giardini invernali. Non solo viene utilizzato nelle aiuole pubbliche, ma è spesso coltivato anche in vaso per adornare balconi e terrazzi. La sua diffusione è stata favorita dalla sua adattabilità e dalla sua facile coltivazione. In particolare, nei paesi europei e in Nord America, la popolarità di questa pianta è cresciuta grazie al suo contrasto cromatico invernale e alla capacità di resistere a temperature che danneggerebbero altre piante ornamentali.

Il cavolo ornamentale rappresenta dunque un esempio di come una pianta tradizionalmente coltivata a scopo alimentare sia stata trasformata, attraverso la selezione botanica, in una pianta da ornamento, in grado di arricchire i paesaggi urbani e naturali.

Il cavolo ornamentale è disponibile in numerose varietà che differiscono per forma, colore e dimensioni delle foglie. Le varietà si possono suddividere principalmente in due grandi gruppi: quelle a foglie ricce e quelle a foglie lisce. Entrambe le varietà offrono una gamma di colori che vanno dal bianco al verde, dal rosa al viola, fino al rosso scuro. Alcune varietà presentano anche bordi colorati, che accentuano ulteriormente il loro effetto decorativo. Di seguito, esploriamo alcune delle varietà più popolari.

1. Cavolo Ornamentale a Foglie Lisce

Le varietà a foglie lisce sono caratterizzate da foglie larghe e arrotondate, che formano una struttura a rosetta. Queste varietà, spesso, assomigliano a grandi fiori, con foglie che possono raggiungere dimensioni notevoli e che si dispongono a spirale dal centro verso l'esterno. Tra le varietà più conosciute di cavolo ornamentale a foglie lisce ci sono:

- **Nagoya White**: una varietà con foglie di colore bianco centrale e verde sul bordo esterno, che crea un contrasto delicato ma molto decorativo.

- **Nagoya Red**: simile alla varietà White, ma con un centro rosso o viola intenso che sfuma nel verde sul bordo esterno.

- **Peacock White**: caratterizzata da una rosetta centrale di colore bianco, con foglie sottili e ben strutturate.

Le varietà a foglie lisce sono spesso preferite nei giardini per il loro aspetto elegante e per la somiglianza a un fiore aperto, che le rende ideali per comporre aiuole e bordure decorative.

2. Cavolo Ornamentale a Foglie Ricce

Le varietà di cavolo ornamentale a foglie ricce hanno foglie ondulate e arricciate, che danno alla pianta un aspetto più selvaggio e pieno. A differenza delle varietà a foglie lisce, i cavoli a foglie ricce tendono a essere leggermente più piccoli, ma offrono un maggiore volume e una texture unica. Alcune delle varietà più apprezzate includono:

- **Curly Red**: con foglie di colore rosso-viola intenso, questa varietà presenta una struttura compatta e foglie finemente arricciate, perfetta per aggiungere profondità cromatica al giardino.

- **Curly White**: simile alla varietà Red, ma con foglie bianche al centro e bordi verdi che creano un effetto visivo leggero e delicato.

- **Kamome Red e Kamome White**: varietà di cavolo ornamentale molto diffusa, con colori che vanno dal bianco al rosso e foglie arricciate che danno un aspetto particolarmente soffice alla pianta.

Queste varietà a foglie ricce sono ideali per aggiungere movimento e struttura alle composizioni, soprattutto nelle aiuole o nei giardini invernali dove possono creare un forte contrasto con le altre piante.

3. Varietà Nane e Giganti

Oltre alla differenza tra foglie lisce e ricce, il cavolo ornamentale presenta varietà che variano in dimensioni. Esistono **cavoli ornamentali nani**, ideali per essere coltivati in vaso, e varietà più grandi, che possono raggiungere altezze considerevoli e sono adatte per aiuole e bordure ampie.

- **Varietà Nane**: le varietà nane, come la **Chidori Red** e la **Chidori White**, crescono fino a un massimo di 20-25 cm e sono perfette per composizioni in vaso. Queste varietà compatte si adattano facilmente a spazi ridotti e offrono un effetto decor

ativo concentrato.

- **Varietà Giganti**: le varietà di grandi dimensioni, come il **Tokyo Red** e il **Tokyo White**, possono raggiungere i 60 cm di altezza e risultano molto decorative quando piantate in gruppi. Queste piante, grazie alla loro imponenza, riescono a riempire bene lo spazio e a creare un forte impatto visivo.

Coltivazione e Cura delle Varietà di Cavolo Ornamentale

Indipendentemente dalla varietà scelta, il cavolo ornamentale richiede cure minime per crescere sano e mantenere il colore delle sue foglie. Queste piante preferiscono un'esposizione soleggiata, sebbene possano tollerare anche l'ombra parziale. Durante i mesi autunnali e invernali, l'irrigazione deve essere regolare ma non eccessiva, per evitare ristagni che potrebbero danneggiare le radici.

Le temperature più basse, intorno ai 10-15°C, favoriscono lo sviluppo dei colori intensi nelle foglie, un aspetto che rende il cavolo ornamentale particolarmente adatto alla stagione fredda. Per ottenere i migliori risultati, è consigliabile piantare i cavoli ornamentali in un terreno ben drenato e arricchito di sostanza organica.

Il cavolo ornamentale è dunque una pianta unica, in grado di arricchire i giardini in ogni stagione, ma soprattutto in inverno, quando altre piante tendono a scomparire. Con la sua varietà di colori e forme, il cavolo ornamentale offre molte possibilità decorative ed è una scelta versatile e di grande effetto per chi desidera un giardino curato e colorato tutto l'anno.

Capitolo 2: Habitat e condizioni di crescita ideali del cavolo ornamentale

Il cavolo ornamentale è una pianta incredibilmente adattabile e decorativa, in grado di sopportare temperature rigide e di portare vivacità ai giardini durante la stagione fredda. Tuttavia, per garantire uno sviluppo sano e ottenere colori intensi nelle foglie, è importante conoscere le condizioni ambientali e le tecniche colturali ottimali per questa pianta. In questo capitolo esploreremo l'habitat ideale del cavolo ornamentale, insieme a dettagli sulla preparazione del terreno, le tecniche di semina e il trapianto, offrendo così una guida completa per ottenere i migliori risultati da questa pianta ornamentale.

Habitat Ideale del Cavolo Ornamentale

Esposizione alla Luce

Il cavolo ornamentale cresce meglio in **luce piena**, sebbene possa tollerare anche l'ombra parziale. Un'esposizione soleggiata per almeno 6-8 ore al giorno è fondamentale per favorire lo sviluppo di colori vivaci nelle foglie. Le varietà di cavolo ornamentale che crescono all'ombra possono sviluppare foglie più grandi, ma perderanno intensità nei colori centrali, un aspetto che limita il valore decorativo della pianta. La piena luce solare, specialmente nei mesi autunnali e invernali, consente al cavolo ornamentale di esprimere al meglio la sua vivacità cromatica.

Temperature Ideali

Il cavolo ornamentale è una pianta rustica, che prospera nelle stagioni fredde. **Le temperature ideali per il suo sviluppo si aggirano tra i 10 e i 20°C**. Mentre le temperature troppo elevate possono compromettere la vivacità dei colori, le temperature più fresche, intorno ai 5-10°C, esaltano i toni più intensi, come il viola, il rosa e il bianco. Questa pianta può resistere anche a gelate leggere e a temperature vicine allo zero, ma è consigliabile proteggerla da condizioni climatiche estreme come nevicate abbondanti o ghiaccio prolungato, che potrebbero danneggiare la struttura delle foglie.

Umidità e Irrigazione

Il cavolo ornamentale non ha grandi esigenze in termini di umidità, ma necessita di un'irrigazione regolare, soprattutto durante le prime fasi di crescita. **È importante mantenere il terreno umido**, ma mai eccessivamente bagnato, per evitare ristagni che potrebbero causare marciume radicale. Un'umidità moderata, combinata con una buona ventilazione, è la condizione ideale per prevenire lo sviluppo di funghi e batteri dannosi.

Preparazione del Terreno

La preparazione del terreno è un passo fondamentale per garantire che il cavolo ornamentale riceva i nutrienti necessari per svilupparsi e mantenere i suoi colori vivaci. Il terreno ideale per questa pianta deve essere ben drenato, ricco di materia organica e con un pH che varia da leggermente acido a neutro (circa 6,0-7,0).

Scelta del Terreno

Il cavolo ornamentale si adatta a diversi tipi di terreno, purché siano ben drenati e non troppo compatti. Un terreno sabbioso o argilloso, ben lavorato e arricchito con materia organica, fornirà il supporto ideale per la crescita della pianta. Se il terreno del giardino è pesante e argilloso, si consiglia di alleggerirlo aggiungendo della sabbia e del compost o letame ben decomposto. Questo migliorerà il drenaggio e fornirà un buon apporto di nutrienti.

Preparazione del Suolo

1. **Lavorazione del Terreno**: prima di piantare i cavoli ornamentali, è fondamentale lavorare il terreno fino a una profondità di almeno 20-25 cm. Questa profondità consente alle radici di svilupparsi bene e di assorbire i nutrienti necessari. È consigliabile effettuare questa operazione diverse settimane prima della semina o del trapianto, in modo che il terreno abbia il tempo di stabilizzarsi.

2. **Aggiunta di Compost e Fertilizzanti**: una volta lavorato il terreno, è utile arricchirlo con compost o letame ben decomposto. Aggiungere uno strato di 5-10 cm di compost organico contribuirà a migliorare la struttura del terreno e ad aumentare la sua fertilità. Anche un fertilizzante bilanciato con azoto, fosforo e potassio può essere aggiunto per fornire un supporto nutritivo adeguato.

3. **Correzione del pH**: se il terreno è troppo acido o alcalino, potrebbe essere

necessario correggerlo. Per ridurre l'acidità del suolo, si può aggiungere calce dolomitica, mentre per abbassare il pH, si possono utilizzare ammendanti acidi come la torba. Mantenere un pH neutro o leggermente acido è ideale per la crescita del cavolo ornamentale, poiché favorisce l'assorbimento dei nutrienti.

4. **Drenaggio**: se il terreno ha problemi di drenaggio, può essere utile installare un sistema di drenaggio o realizzare delle aiuole rialzate. Il ristagno d'acqua è uno dei principali problemi per il cavolo ornamentale, poiché favorisce il marciume radicale e lo sviluppo di malattie fungine.

Tecniche di Semina e Trapianto

La semina del cavolo ornamentale può essere effettuata sia in semenzaio che direttamente in piena terra, a seconda delle condizioni climatiche e della disponibilità di spazio. Di seguito, vengono presentate entrambe le tecniche.

1. Semina in Semenzaio

La semina in semenzaio è ideale se si desidera avere maggiore controllo sulle condizioni di crescita iniziali, soprattutto in aree dove il clima è ancora troppo rigido per la semina diretta.

- **Periodo di Semina**: è consigliabile seminare il cavolo ornamentale circa 6-8 settimane prima del trapianto all'aperto. Solitamente, il periodo migliore per la semina è la fine dell'estate o l'inizio dell'autunno, per consentire alla pianta di svilupparsi prima delle prime gelate.

- **Substrato di Semina**: utilizzare un substrato leggero e ben drenante, ricco di materia organica. Un buon substrato per semina può essere ottenuto mescolando torba, sabbia e perlite in parti uguali.

- **Profondità e Distanza di Semina**: i semi di cavolo ornamentale vanno posizionati a una profondità di circa 0,5-1 cm. Si consiglia di lasciare almeno 2-3 cm di distanza tra i semi per consentire alle piantine di svilupparsi senza competizione.

- **Cura delle Piantine**: mantenere il substrato umido, ma evitare l'eccesso di acqua. Una volta che le piantine sono germinate, possono essere gradualmente esposte alla luce solare, aumentando l'esposizione ogni giorno per permettere alle piante di abituarsi al clima esterno.

2. Semina Diretta in Piena Terra

La semina diretta in piena terra è possibile in regioni con climi miti, dove le gelate non sono un rischio immediato. La semina diretta può essere effettuata a partire dalla fine dell'estate, quando le temperature sono ancora sufficientemente elevate per favorire la germinazione.

- **Preparazione del Letto di Semina**: assicurarsi che il terreno sia ben preparato, come descritto in precedenza, per offrire alle piantine il massimo nutrimento e un buon drenaggio.

- **Profondità e Distanza di Semina**: posizionare i semi a una profondità di circa 1 cm e lasciare una distanza di circa 10-15 cm tra un seme e l'altro. Una volta che le piantine hanno raggiunto un'altezza di circa 5 cm, possono essere diradate, mantenendo una distanza di circa 20-30 cm tra ogni pianta.

Trapianto del Cavolo Ornamentale

Il trapianto è una fase importante per il cavolo ornamentale, poiché permette alla pianta di svilupparsi in un ambiente stabile e spazioso. È consigliabile effettuare il trapianto quando le piantine hanno raggiunto un'altezza di circa 10-15 cm e possiedono almeno 3-4 foglie ben sviluppate.

- **Periodo di Trapianto**: il momento ideale per il trapianto è la fine dell'estate o l'inizio dell'autunno. Questo consente alla pianta di adattarsi al nuovo terreno prima dell'arrivo dell'inverno e di svilupparsi durante la stagione fredda.

- **Distanza di Piantagione**: mantenere una distanza di circa 30-45 cm tra ogni

pianta per consentire uno sviluppo completo. Questa distanza evita la competizione tra le piante e permette loro di esprimere al massimo il loro potenziale decorativo.

- **Modalità di Trapianto**: prima del trapianto, bagnare bene il terreno di destinazione e assicurarsi che il pane di terra delle piantine sia leggermente umido. Rimuovere le piantine dal semenzaio con attenzione, senza danneggiare le radici. Posizionare ogni piantina nella buca preparata e coprire delicatamente le radici con il terreno.

- **Irrigazione Post-Trapianto**: dopo il trapianto, annaffiare le piante abbondantemente per facilitare l'attecchimento delle radici. Successivamente, mantenere un'irrigazione regolare, facendo attenzione a non eccedere per evitare ristagni d'acqua.

Cura Successiva e Mantenimento

Una volta trapiantato, il cavolo ornamentale richiede poche cure, ma è importante monitorare regolarmente la pianta per prevenire problemi di malattie o parassiti. Un buon programma di irrigazione, abbinato a una pacciamatura leggera, può aiutare a mantenere l'umidità del suolo e a evitare la crescita di erbacce. Periodicamente, è possibile aggiungere un concime bilanciato a basso contenuto di azoto per supportare la crescita.

Con queste accortezze, il cavolo ornamentale può prosperare nel giardino, donando colore e bellezza anche nelle giornate più fredde dell'anno.

Capitolo 3 - Cura e manutenzione del cavolo ornamentale

Il cavolo ornamentale è una pianta versatile e relativamente facile da curare, ma per mantenere al meglio la sua bellezza e il suo colore, è necessario un approccio accurato alla sua cura e manutenzione. La manutenzione costante e ben calibrata permette a questa pianta di conservare la sua vivacità e resistenza anche durante i periodi più freddi dell'anno. In questo capitolo vedremo le tecniche di annaffiatura e fertilizzazione più efficaci per supportare la crescita e la salute del cavolo ornamentale.

Annaffiatura del Cavolo Ornamentale

Frequenza e quantità d'acqua

Il cavolo ornamentale è una pianta che, sebbene robusta, ha particolari esigenze idriche che variano a seconda delle stagioni e del ciclo di vita della pianta.

Annaffiatura iniziale: durante la fase di semina o trapianto, è essenziale fornire acqua in quantità sufficienti per favorire l'attecchimento delle radici nel terreno.

Inizialmente, si consiglia di annaffiare il cavolo ornamentale ogni giorno o a giorni alterni, mantenendo il terreno umido ma non fradicio. Una volta che la pianta inizia a svilupparsi e radicarsi stabilmente, la frequenza può essere ridotta gradualmente.

Annaffiatura in autunno e inverno: nei mesi più freschi, quando il cavolo ornamentale è più attivo, si consiglia di limitare le annaffiature a una o due volte alla settimana, a seconda delle condizioni climatiche. Nei periodi di pioggia, l'irrigazione può essere ulteriormente ridotta o sospesa, poiché il terreno rimane umido naturalmente. Questo è un aspetto molto importante: un eccesso di acqua può infatti favorire il ristagno, aumentando il rischio di marciumi radicali.

Annaffiatura in primavera e estate: durante i mesi più caldi, il cavolo ornamentale può avere bisogno di maggiori quantità d'acqua, ma solo se viene coltivato in regioni dal clima mite o umido. In climi particolarmente caldi, la pianta potrebbe richiedere annaffiature più frequenti, ma è bene ricordare che il cavolo ornamentale non sopporta il calore eccessivo e tende a perdere la sua bellezza durante l'estate.

Metodi di Irrigazione

Per l'irrigazione del cavolo ornamentale, è consigliabile utilizzare tecniche che garantiscano un'umidità uniforme del terreno, evitando però di bagnare le foglie, che potrebbero macchiarsi o attirare funghi e malattie.

Annaffiatura a goccia: il sistema di irrigazione a goccia è l'ideale per questa pianta, poiché fornisce l'acqua in modo graduale e continuo direttamente alla base, evitando che le foglie si bagnino e prevenendo così eventuali problemi di muffe o funghi. Inoltre, l'irrigazione a goccia permette di controllare meglio la quantità d'acqua erogata, limitando il rischio di ristagni.

Annaffiatura manuale: se si opta per un'irrigazione manuale, è consigliabile utilizzare un annaffiatoio con beccuccio lungo, che consenta di dirigere l'acqua alla base della pianta senza bagnare le foglie. L'ideale è annaffiare nelle ore del mattino o nel tardo pomeriggio per evitare che l'acqua evapori troppo rapidamente.

Pacciamatura per conservare l'umidità: per migliorare la ritenzione dell'umidità nel suolo, può essere utile pacciamare la base delle piante con materiali organici, come paglia, corteccia di pino o compost. La pacciamatura, oltre a mantenere il terreno fresco e umido, previene la crescita delle erbacce e limita l'evaporazione, riducendo la necessità di annaffiature frequenti.

Problemi comuni legati all'irrigazione

Un'irrigazione non adeguata può causare vari problemi al cavolo ornamentale. Vediamo quali sono i principali errori e come evitarli.

Ristagno idrico e marciume radicale: un eccesso d'acqua o un drenaggio insufficiente del terreno può portare al ristagno idrico, una delle cause principali del marciume radicale. I sintomi di questa patologia includono foglie giallastre, piante deboli e un cattivo odore proveniente dal terreno. Per evitarlo, è fondamentale assicurarsi che il terreno sia ben drenato e che l'irrigazione sia moderata.

Secchezza e appassimento: al contrario, una carenza d'acqua può causare l'appassimento della pianta e lo scolorimento delle foglie, che possono apparire secche e opache. Se il cavolo ornamentale mostra segni di appassimento, è consigliabile annaffiare immediatamente la pianta e monitorare la frequenza delle annaffiature in seguito.

Macchie sulle foglie: l'acqua stagnante sulle foglie può favorire la formazione di macchie o muffe, soprattutto durante le stagioni più fresche e umide. Per evitare questo problema, è preferibile evitare di bagnare direttamente il fogliame e optare per un'irrigazione mirata alla base della pianta.

Fertilizzazione del Cavolo Ornamentale

La fertilizzazione è un aspetto essenziale della cura del cavolo ornamentale. Sebbene questa pianta non sia particolarmente esigente in termini di nutrimento, un buon piano di fertilizzazione contribuisce a migliorare la vivacità dei colori delle foglie e a mantenerle in buona salute.

Tipi di Fertilizzanti

Il cavolo ornamentale beneficia di fertilizzanti bilanciati che contengono azoto (N), fosforo (P) e potassio (K) in quantità equilibrate. Tuttavia, l'apporto di ciascun nutriente può variare a seconda delle fasi di crescita della pianta.

Fertilizzanti a lento rilascio: per una

nutrizione costante e uniforme, è possibile utilizzare fertilizzanti a lento rilascio, che forniscono i nutrienti in maniera graduale, evitando sbalzi nutritivi che potrebbero stressare la pianta. Questi fertilizzanti sono ideali per una concimazione di base, da effettuare all'inizio della stagione di crescita.

Fertilizzanti liquidi: i fertilizzanti liquidi possono essere usati come integrazione, specialmente nelle prime fasi di sviluppo della pianta. Possono essere somministrati durante le irrigazioni per favorire una crescita rapida e sana, soprattutto quando le temperature iniziano a scendere.

Fertilizzanti organici: compost, letame ben decomposto e altri ammendanti organici sono particolarmente indicati per migliorare la struttura del terreno e fornire micronutrienti. Questi fertilizzanti sono particolarmente utili durante la preparazione del terreno, prima della semina o del trapianto.

Frequenza e Modalità di Fertilizzazione

La frequenza della fertilizzazione dipende dal tipo di fertilizzante scelto e dalle condizioni del terreno. In genere, il cavolo ornamentale beneficia

Ecco un approfondito capitolo dedicato alla potatura e alla gestione delle foglie del cavolo ornamentale, nonché alla prevenzione e gestione dei parassiti e delle malattie più comuni.

Capitolo 4 - Potatura e gestione delle foglie

Il cavolo ornamentale è una pianta resistente e generalmente facile da coltivare. Tuttavia, per mantenere l'aspetto decorativo e prevenire problemi legati alla salute della pianta, è essenziale prendersi cura delle sue foglie attraverso una regolare potatura e una gestione accurata. La potatura è fondamentale per favorire il ricambio delle foglie, mantenere la pianta in ordine e prevenire l'insorgenza di malattie fungine. Questo capitolo esplora le tecniche di potatura e fornisce dettagli sugli interventi necessari per gestire eventuali infestazioni di parassiti o malattie che possono compromettere la bellezza e la salute del cavolo ornamentale.

Potatura del Cavolo Ornamentale

Importanza della Potatura

Sebbene il cavolo ornamentale non richieda una potatura intensiva, rimuovere periodicamente le foglie danneggiate, secche o ingiallite è fondamentale per favorire la crescita di foglie sane e mantenere l'aspetto estetico della pianta. Le foglie danneggiate o ingiallite possono, infatti, attirare parassiti o funghi, diventando così veicoli per infezioni che si diffondono facilmente a tutta la pianta.

La potatura, oltre a migliorare l'aspetto estetico, svolge un ruolo preventivo importante. Una buona gestione delle foglie consente di limitare l'insorgenza di malattie fungine e di agevolare la ventilazione tra le foglie, mantenendo un ambiente meno favorevole alla proliferazione di batteri e muffe.

Tecniche di Potatura

1. **Rimozione delle Foglie Esterne**: le foglie più vecchie e quelle danneggiate si trovano generalmente all'esterno della pianta. Queste foglie possono ingiallire con il tempo e iniziare a marcire, soprattutto durante i mesi invernali più umidi. Rimuoverle periodicamente aiuta a evitare la formazione di muffe e a migliorare l'aspetto della pianta.

2. **Potatura Leggera per Stimolare la Crescita**: se si desidera mantenere una forma compatta, è possibile eseguire una leggera potatura per ridurre l'estensione delle foglie più sporgenti. Questo permette anche di

stimolare una crescita più densa delle foglie interne, migliorando l'aspetto complessivo della pianta.

3. **Rimozione delle Foglie Infestate o Malate**: nel caso in cui alcune foglie mostrino segni di infezione fungina o siano state attaccate da parassiti, è consigliabile rimuoverle il prima possibile. Questa operazione evita che la malattia o l'infestazione si propaghi al resto della pianta.

Strumenti per la Potatura

La potatura del cavolo ornamentale non richiede attrezzi complessi. Tuttavia, è fondamentale che gli strumenti utilizzati siano puliti e sterilizzati per prevenire la diffusione di malattie. Gli strumenti principali per una potatura efficace includono:

- **Forbici da giardino**: le forbici da giardino sono utili per rimuovere foglie più grandi o danneggiate. È importante che siano ben affilate per effettuare tagli netti senza danneggiare i tessuti della pianta.

- **Coltello affilato**: un piccolo coltello può essere usato per tagliare foglie più spesse alla base, soprattutto nelle varietà di cavolo ornamentale con foglie più compatte e dure.

- **Guanti da giardinaggio**: l'uso dei guanti protegge le mani durante la potatura e riduce il rischio di trasferire accidentalmente malattie da una pianta all'altra.

Gestione delle Foglie

Le foglie del cavolo ornamentale sono la caratteristica principale di questa pianta e ne determinano l'attrattiva. Una corretta gestione delle foglie consente di preservarne la vivacità dei colori e di evitare problemi legati a ingiallimento, macchie o caduta prematura.

Rimozione delle Foglie Ingiallite

Le foglie ingiallite o secche, che tendono a formarsi principalmente alla base della pianta, devono essere rimosse tempestivamente per evitare la diffusione di malattie. Durante i mesi più freddi, queste foglie possono inoltre marcire più facilmente, soprattutto in presenza di umidità elevata. La rimozione tempestiva permette di ridurre la probabilità di infezioni fungine.

Pulizia delle Foglie

La polvere e i detriti che si accumulano sulle foglie possono oscurare i colori della pianta e ridurre l'assorbimento della luce. Una pulizia regolare delle foglie, effettuata con un panno morbido o uno spruzzino per rimuovere la polvere, aiuta a mantenere il cavolo ornamentale sempre fresco e vibrante. Durante questa operazione, è bene anche esaminare la pianta alla ricerca di eventuali parassiti nascosti.

Parassiti e Malattie Comuni del Cavolo Ornamentale

Come molte altre piante, anche il cavolo ornamentale può essere soggetto ad attacchi di parassiti e malattie, specialmente se coltivato in condizioni climatiche sfavorevoli o in terreni troppo umidi. Vediamo quali sono i parassiti e le malattie più comuni che possono colpire il cavolo ornamentale e come prevenirli o trattarli.

Parassiti Comuni

1. **Afidi**: gli afidi sono piccoli insetti che si nutrono della linfa delle foglie, causando ingiallimento e deformazioni. Possono essere facilmente individuati come piccoli insetti verdi o neri che si raggruppano sulle foglie. Per combatterli, è possibile utilizzare

insetticidi naturali come il sapone di Marsiglia diluito o l'olio di neem. In caso di infestazione più estesa, possono essere utilizzati anche insetticidi specifici.

2. **Lumache e chiocciole**: durante i mesi umidi, le lumache e le chiocciole possono rappresentare una minaccia per il cavolo ornamentale, nutrendosi delle sue foglie e causando buchi e danneggiamenti. Per tenerle lontane, è possibile spargere cenere o gusci di uova frantumati intorno alla base della pianta, oppure utilizzare trappole specifiche.

3. **Bruchi e cavolaie**: le cavolaie sono bruchi che si nutrono delle foglie del cavolo e possono causare danni significativi, soprattutto nelle prime fasi di crescita. Si consiglia di monitorare regolarmente la pianta e di rimuovere manualmente i bruchi quando possibile. È inoltre possibile utilizzare reti protettive per impedire alle farfalle di depositare le uova sulle foglie.

4. **Mosca del cavolo**: la mosca del cavolo è un insetto che depone le uova alla base della pianta. Le larve si nutrono delle radici, indebolendo la pianta e causando un ingiallimento generale delle foglie. La

prevenzione consiste nell'utilizzare una pacciamatura attorno alla base della pianta per impedire alla mosca di raggiungere il terreno e depositare le uova.

Malattie Comuni

1. **Muffa grigia (Botrytis)**: la muffa grigia è una malattia fungina che si manifesta con macchie grigie e umide sulle foglie. Questa infezione è particolarmente comune in condizioni di elevata umidità e bassa ventilazione. Per prevenirla, è importante evitare di bagnare le foglie durante l'irrigazione e mantenere una buona ventilazione intorno alla pianta. In caso di infezione, è possibile trattare la pianta con fungicidi specifici.

2. **Peronospora**: la peronospora è una malattia fungina che si manifesta con macchie gialle sulle foglie, seguite da una muffa grigiastra sul lato inferiore delle foglie. Questa malattia si diffonde rapidamente in condizioni di umidità elevata. Per prevenirla, è fondamentale evitare l'eccesso di irrigazione e migliorare il drenaggio del terreno. In caso di infezione, la rimozione delle foglie infette e l'uso di fungicidi possono essere efficaci.

3. **Marciume radicale**: il marciume radicale è causato da un eccesso di acqua nel terreno, che porta alla decomposizione delle radici. La pianta può mostrare segni di appassimento e ingiallimento delle foglie. Per evitare questo problema, è essenziale garantire un buon drenaggio del terreno e non esagerare con l'irrigazione.

4. **Oidio**: l'oidio si presenta come una patina biancastra che copre le foglie, rallentando la crescita della pianta e compromettendone l'aspetto. Per prevenirlo, è importante mantenere la pianta ben ventilata e evitare ristagni d'umidità. Trattamenti con bicarbon

ato di sodio diluito in acqua possono essere efficaci per combattere le fasi iniziali dell'oidio.

Una buona cura e gestione delle foglie, unita a una vigilanza costante contro parassiti e malattie, garantisce al cavolo ornamentale la possibilità di crescere rigoglioso e di mantenere colori vivaci durante tutta la stagione.

Ecco un capitolo approfondito sulla raccolta e l'utilizzo del cavolo ornamentale, con un focus su idee di design per giardini e aiuole, nonché conclusioni e risorse aggiuntive.

Capitolo 5 - Raccolta e utilizzo del cavolo ornamentale

Il cavolo ornamentale è una pianta straordinaria, amata per la sua capacità di aggiungere colore e texture a giardini e paesaggi, soprattutto durante i mesi autunnali e invernali. La sua bellezza e versatilità non solo rendono questa pianta un'ottima scelta per abbellire gli spazi esterni, ma la rendono anche ideale per decorazioni interne. In questo capitolo, esploreremo le tecniche di raccolta del cavolo ornamentale, le idee di design per giardini e aiuole, e concluderemo con alcune risorse utili per ulteriori approfondimenti.

Raccolta del Cavolo Ornamentale

Momento Ideale per la Raccolta

Il cavolo ornamentale non è generalmente coltivato per il consumo alimentare, ma piuttosto per il suo valore estetico. Tuttavia, se ci si trova in una situazione in cui si desidera raccogliere il cavolo ornamentale, è importante sapere quando farlo.

- **Periodo di crescita**: il cavolo ornamentale è tipicamente piantato in estate o inizio autunno e raggiunge il suo picco di bellezza in autunno e inverno. I colori più vibranti si manifestano quando le temperature notturne iniziano a scendere. Per ottenere il massimo impatto visivo, è consigliabile attendere che le foglie abbiano raggiunto una dimensione ottimale e i colori siano intensi.

- **Controllo della salute della pianta**: prima di raccogliere il cavolo ornamentale, è importante controllare la salute della pianta. Assicurarsi che non ci siano segni di malattia o infestazione da parassiti. Una pianta sana avrà foglie colorate e croccanti, priva di macchie o segni di deterioramento.

Tecniche di Raccolta

La raccolta del cavolo ornamentale può essere fatta manualmente. Ecco alcuni passaggi per eseguire la raccolta in modo corretto:

1. **Attrezzatura necessaria**: per raccogliere il cavolo ornamentale, avrai bisogno di un paio di forbici da giardinaggio affilate e pulite. In questo modo si eviterà di danneggiare la pianta.

2. **Selezione delle piante**: selezionare le piante che hanno raggiunto la dimensione desiderata e presentano i colori più intensi. Evitare di raccogliere piante che mostrano segni di appassimento o malattia.

3. **Taglio**: utilizzare le forbici per tagliare il gambo della pianta a circa 2-5 centimetri sopra la base. Questo non solo permette di rimuovere la pianta, ma favorisce anche una migliore gestione della salute delle piante circostanti.

4. **Manipolazione con cura**: trattare il cavolo ornamentale con delicatezza durante la raccolta per evitare di danneggiare le foglie. Evitare di schiacciare o piegare le foglie, poiché potrebbero perdere il loro aspetto decorativo.

5. **Conservazione**: se il cavolo ornamentale deve essere utilizzato in decorazioni o esposizioni, è consigliabile conservarlo in un luogo fresco e asciutto, lontano dalla luce diretta del sole. Può essere conservato anche in acqua, proprio come i fiori, per prolungare la sua freschezza.

Utilizzo del Cavolo Ornamentale

Il cavolo ornamentale può essere utilizzato in vari modi, principalmente a scopo decorativo. Ecco alcune idee su come sfruttare al meglio questa pianta.

Idee di Design per Giardini e Aiuole

1. Composizioni Colorate in Aiuole

Il cavolo ornamentale si presta perfettamente a composizioni floreali in aiuole. La sua varietà di colori e forme lo rende un'aggiunta ideale per giardini autunnali e invernali.

- **Abbinamenti con Fiori**: per creare un'aiuola visivamente interessante, si possono abbinare diverse varietà di cavolo ornamentale con fiori autunnali come crisantemi, margherite o pansè. Le foglie dei cavoli ornamentali, con le loro texture e tonalità, creano un contrasto spettacolare con i fiori.

- **Layering**: per un effetto a strati, pianta i cavoli ornamentali in primo piano e i fiori più alti sullo sfondo. Questa tecnica offre profondità e interesse visivo all'aiuola, creando un effetto stratificato.

2. Design di Giardini Rocciosi

Il cavolo ornamentale è ideale per i giardini rocciosi, dove può essere piantato tra le rocce e i ciottoli.

- **Accenti Naturali**: il cavolo ornamentale, con le sue foglie voluminose e colorate, aggiunge un bel contrasto alle superfici ruvide delle rocce. Utilizzando piante di diverse varietà, si possono creare accenti naturali nel paesaggio.

- **Terreno Drenante**: per i giardini rocciosi, è importante assicurarsi che il terreno abbia un buon drenaggio. Questo aiuta a prevenire il ristagno idrico, che può danneggiare le radici del cavolo ornamentale.

3. Vasi e Contenitori Decorativi

Il cavolo ornamentale può essere utilizzato

anche in vasi e contenitori, rendendolo una scelta perfetta per balconi e terrazze.

- **Composizioni Verticali**: i vasi di diverse altezze possono essere utilizzati per creare composizioni verticali, combinando il cavolo ornamentale con altre piante da fiore per un effetto scenico.

- **Mix di Texture e Colori**: nel giardino in vaso, si possono combinare il cavolo ornamentale con erbe aromatiche, fiori e piante perenni. Questa miscela offre un'ampia gamma di colori e profumi, rendendo l'ambiente più invitante.

4. Decorazioni per Eventi

Il cavolo ornamentale è un'ottima scelta per decorazioni in eventi speciali come matrimoni e feste.

- **Centrotavola**: i cavoli ornamentali possono essere utilizzati come centrotavola, accompagnati da fiori freschi e candele. La loro presenza aggiunge un tocco naturale e festivo alla decorazione.

- **Decorazioni per Esterni**: allestire i cavoli ornamentali in vasi decorativi lungo i percorsi o all'ingresso di una location per eventi è un modo fantastico per accogliere gli ospiti con un colpo d'occhio vivace.

5. Giardini in Stile Contemporaneo

Il cavolo ornamentale è particolarmente adatto per giardini in stile contemporaneo, dove la semplicità e il minimalismo sono in primo piano.

- **Linee Pulite**: piantare il cavolo ornamentale in gruppi regolari crea un aspetto ordinato e minimalista. Scegliere varietà con colori complementari per un effetto elegante e sofisticato.

- **Abbinamenti con Piante Grasse**:
abbinare il cavolo ornamentale a piante grasse
o succulente può dare un'interpretazione
moderna al giardino, creando un contrasto
interessante tra le foglie voluminosi e le forme
geometriche delle piante grasse.

6. Giardini Sostenibili

In un contesto di giardino sostenibile, il
cavolo ornamentale può giocare un ruolo
importante.

- **Combinazione con Piante Edibili**:
inserire il cavolo ornamentale tra le piante
edibili come cavoli e broccoli non solo offre
un tocco decorativo, ma contribuisce anche
alla biodiversità nel giardino.

- **Utilizzo di Compost e Fertilizzanti

Naturali**: assicurarsi di utilizzare tecniche di coltivazione sostenibili e fertilizzanti naturali, riducendo così l'impatto ambientale.

Conclusioni

Il cavolo ornamentale è una pianta versatile e decorativa che può arricchire qualsiasi giardino o spazio esterno. La sua capacità di prosperare in condizioni climatiche variabili, unita alla gamma di colori e forme, lo rende una scelta ideale per i giardinieri di tutti i livelli. Dalla progettazione di aiuole colorate e giardini rocciosi all'utilizzo in contenitori e decorazioni per eventi, le possibilità di utilizzo del cavolo ornamentale sono infinite.

La cura e la manutenzione del cavolo ornamentale, unita a pratiche di design attente e innovative, possono garantire un giardino rigoglioso e di grande impatto visivo durante tutto l'anno. Con la giusta attenzione e creatività, il cavolo ornamentale può trasformarsi in un elemento distintivo del paesaggio.

Glossario

Il glossario di seguito elenca e descrive in dettaglio i principali termini tecnici e pratici relativi al cavolo ornamentale. Questa sezione è pensata per giardinieri, appassionati e chiunque voglia arricchire la propria conoscenza riguardo alla coltivazione e all'uso decorativo del cavolo ornamentale.

A

- **Aiuola**: una piccola area di terreno all'interno di un giardino dedicata alla coltivazione di fiori o piante ornamentali, come il cavolo ornamentale. Le aiuole permettono di mettere in risalto la bellezza delle piante attraverso la disposizione a strati e i contrasti cromatici.

- **Afidi**: piccoli insetti infestanti che attaccano le piante, succhiandone la linfa e causando danni alle foglie. Gli afidi possono colpire anche il cavolo ornamentale, causando ingiallimento delle foglie e deformazioni.

- **Alcalinità**: il livello di pH del terreno, che misura la sua acidità o basicità. Il cavolo ornamentale preferisce un terreno leggermente acido o neutro, con un pH compreso tra 6,0 e 7,5, per prosperare in modo ottimale.

B

- **Bacillus thuringiensis (Bt)**: batterio utilizzato come pesticida biologico per controllare le larve di insetti nocivi come i bruchi. È particolarmente utile per proteggere il cavolo ornamentale dalle infestazioni di cavolaie e bruchi.

- **Bordatura**: una tecnica di design paesaggistico in cui il cavolo ornamentale viene piantato lungo i bordi di un'aiuola o un sentiero per delineare un confine decorativo. Il cavolo ornamentale, con le sue foglie colorate e strutturate, è particolarmente adatto per creare bordature decorative.

- **Botrytis (Muffa grigia)**: malattia fungina che si manifesta con macchie grigie e umide sulle foglie delle piante. È una malattia comune che colpisce anche il cavolo ornamentale, soprattutto in condizioni di elevata umidità.

C

- **Cavolaia**: bruco della farfalla cavolaia, un insetto infestante che si nutre delle foglie di cavolo ornamentale e altre piante della famiglia delle Brassicacee. Questi bruchi possono causare danni significativi alle foglie.

- **Compost**: materiale organico decomposto utilizzato per arricchire il terreno. Il compost è fondamentale per la coltivazione del cavolo ornamentale, poiché migliora la struttura del suolo e fornisce nutrienti essenziali.

- **Colorazione autunnale**: il cambiamento di colore che avviene nelle foglie del cavolo ornamentale durante l'autunno, quando le temperature si abbassano. Questo cambiamento di colore è uno dei motivi per cui il cavolo ornamentale è apprezzato come pianta ornamentale.

- **Cultivar**: abbreviazione di "varietà coltivata", riferito a una pianta selezionata per determinate caratteristiche, come il colore o la forma. Esistono molte cultivar di cavolo ornamentale, che variano in colore e struttura delle foglie.

D

- **Decotto**: una preparazione a base di erbe utilizzata per combattere parassiti e malattie. Alcuni giardinieri usano decotti a base di aglio o ortica per proteggere il cavolo ornamentale dalle infestazioni.

- **Drenaggio**: la capacità del terreno di permettere all'acqua di defluire. Il cavolo ornamentale richiede un terreno ben drenato per evitare ristagni idrici, che potrebbero causare marciumi radicali.

- **Design paesaggistico**: l'arte di pianificare e progettare spazi verdi in modo funzionale ed esteticamente gradevole. Il cavolo ornamentale è spesso utilizzato nei progetti di design paesaggistico per creare punti focali o bordature decorative.

E

- **Esposizione**: la posizione rispetto alla luce solare. Il cavolo ornamentale prospera in aree che ricevono luce diretta, ma può tollerare anche l'ombra parziale.

- **Estetica invernale**: la bellezza visiva che il cavolo ornamentale offre durante l'inverno. Questa pianta mantiene il colore e la struttura delle foglie anche in condizioni di freddo intenso, diventando un punto di colore nel giardino invernale.

F

- **Fertilizzante**: sostanza che fornisce nutrienti al terreno e favorisce la crescita delle piante. I fertilizzanti ricchi di azoto, fosforo e potassio sono utili per il cavolo ornamentale, in particolare nelle fasi di crescita iniziale.

- **Foglia lanceolata**: un tipo di foglia lunga e sottile, a forma di lancia. Alcune varietà di cavolo ornamentale presentano foglie con questa forma caratteristica.

- **Foglia frastagliata**: una foglia con margini irregolari o dentellati. Molti cavoli ornamentali presentano foglie frastagliate, che aggiungono una texture interessante al giardino.

G

- **Germinazione**: il processo attraverso il quale un seme sviluppa una nuova pianta. Il cavolo ornamentale impiega circa 7-10 giorni per germinare in condizioni ottimali di umidità e temperatura.

- **Guano**: un fertilizzante organico derivato dagli escrementi degli uccelli marini, ricco di azoto e altri nutrienti. Viene talvolta utilizzato per arricchire il terreno per la coltivazione del cavolo ornamentale.

I

- **Insetticida naturale**: sostanza derivata da materiali organici che respinge o uccide insetti nocivi senza impiegare prodotti chimici. Per il cavolo ornamentale, alcuni insetticidi naturali efficaci includono l'olio di neem e il sapone insetticida.

- **Irrigazione**: l'atto di fornire acqua alle

piante. Il cavolo ornamentale richiede un'irrigazione regolare, ma è importante evitare ristagni d'acqua, che possono causare marciume radicale.

L

- **Letame**: fertilizzante organico derivato dai rifiuti degli animali da allevamento, ricco di azoto. Il letame può essere utilizzato per arricchire il terreno prima di piantare il cavolo ornamentale.

- **Luce indiretta**: una fonte di luce non diretta. Sebbene il cavolo ornamentale preferisca la luce diretta, può adattarsi alla luce indiretta in ambienti più ombreggiati.

M

- **Marciume radicale**: una malattia causata dal ristagno idrico che porta alla decomposizione delle radici. È uno dei problemi più comuni che possono colpire il cavolo ornamentale se il terreno non è ben drenato.

- **Muffa bianca**: malattia fungina che si manifesta come una polvere bianca sulle foglie. È importante trattare rapidamente la muffa per evitare danni permanenti alla pianta.

O

- **Organico**: relativo a materiali naturali o metodi di coltivazione che non utilizzano prodotti chimici. Molti giardinieri preferiscono utilizzare fertilizzanti organici e pesticidi naturali per coltivare il cavolo ornamentale.

P

- **Pacciamatura**: uno strato di materiale organico o inorganico posto sulla superficie del terreno per mantenere l'umidità, ridurre le erbacce e migliorare la struttura del terreno. La pacciamatura è utile per proteggere il cavolo ornamentale dalle condizioni atmosferiche avverse.

- **PH del terreno**: misura dell'acidità o basicità del terreno, su una scala da 0 a 14. Il cavolo ornamentale predilige un terreno leggermente acido o neutro, con un pH compreso tra 6,0 e 7,5.

- **Perlite**: materiale vulcanico espanso utilizzato nel terriccio per migliorare il drenaggio. La perlite è particolarmente utile nella coltivazione del cavolo ornamentale in contenitori.

S

- **Seme**: l'unità riproduttiva delle piante da cui cresce una nuova pianta. I semi di cavolo ornamentale richiedono circa una settimana per germogliare in condizioni di umidità e temperatura ottimali.

- **Substrato**: il materiale in cui una pi

anta cresce, che può includere terra, sabbia, compost e perlite. Il substrato deve essere adeguato alle esigenze del cavolo ornamentale per favorire una crescita sana.

T

- **Trapianto**: l'atto di trasferire una piantina dal semenzaio al terreno o a un vaso definitivo. Il trapianto del cavolo ornamentale avviene generalmente in primavera o all'inizio dell'autunno.

V

- **Varietà**: indica una specifica tipologia di cavolo ornamentale con caratteristiche particolari, come il colore delle foglie o la forma. Le varietà di cavolo ornamentale includono colori che vanno dal viola al bianco, al verde.

- **Ventilazione**: circolazione dell'aria intorno alla pianta. Una buona ventilazione riduce il rischio di malattie fungine, come la muffa, e favorisce una crescita sana del cavolo ornamentale.

Z

- **Zeolite**: minerale utilizzato per migliorare la ritenzione idrica e il drenaggio del terreno. È spesso aggiunto al substrato per piante in vaso, come il cavolo ornamentale.

Questa panoramica offre una conoscenza basilare per il giardinaggio e la cura del cavolo ornamentale, esplorando molti degli aspetti pratici e botanici associati alla coltivazione e alla manutenzione di questa pianta. Ogni termine rappresenta un elemento chiave per comprendere meglio la cura e la gestione di un giardino in cui il cavolo ornamentale è protagonista.

Indice

Glossario pg.55